Dir. Gral. Educ. Mil. y Rectoría de la U.D.E.F.A.

Colegio del Aire.   Esc. Mil. de Manto. y Ab.

"MANUAL PARA GRAFICAR Y RESOLVER MATRICES EN MATLAB"

Cadete de 1era 2do año EEA Cesar Paul Hernandez Marquez

N.L. 12

DOCENTE: DRA. JANET IOVANA SANTIAGO HERNANDEZ

ALGEBRA LINEAL

INDICE

- INTRODUCCION
- OBJETIVO
- MODELO MATRICIAL DE SISTEMAS DE ECUACIONES
- GAUSS JORDAN
- MATRIZ INVERSA
- GLOSARIO
- CONCLUSION
- REFERENCIA BIBLIOGRAFICA

INTRODUCCION

El autor del presente trabajo, con el afán de fortalecer el aprendizaje del álgebra lineal propone este Manual de Matrices y Determinantes como un instrumento de ayuda. Son muy conocidas, las dificultades que a nivel general se presentan en el aprendizaje de las matemáticas, las cuales, en parte, se atribuyen a la falta de metodología que presentan algunos libros que son utilizados como guía de estudio, ya que en su contenido proponen conceptos y definiciones sin la debida sustentación con ejemplos y aplicaciones prácticas. Por esta razón, el presente trabajo incorpora, aparte de los conocimientos científicos necesarios acorde a las temáticas, aplicaciones prácticas y lineamientos procedimentales para resolver ejercicios. De esta manera se busca propiciar la reflexión y el análisis para que el lector logre un aprendizaje significativo.

OBJETIVO

El objetivo del presente manual es Servir como un instrumento de apoyo que defina y establezca la solución de matrices, así como también poner en práctica lo aprendido para permitir un mejor concepto de lo transmitido y un mejor desempeño en el área del algebra lineal.

MODELO MATRICIAL DE SISTEMAS DE ECUACIONES

Se tiene el siguiente sistema de ecuaciones:

$$10x-3y+2z=5$$
$$3x+8y-z=3$$
$$4x+5y+10z=-3$$

Para resolverlo en Matlab se tiene que escribir en forma matricial que quiere decir, necesitamos construir una matriz de coeficientes que se denomina A, donde solo van los números que acompañan a las incógnitas, después se calcula el vector de incógnitas que le darán la solución a la igualdad, por ultimo al vector de igualdad.

$$A \cdot x = b$$

$$A = \begin{bmatrix} 10 & -3 & 2 \\ 3 & 8 & -1 \\ 4 & 5 & 10 \end{bmatrix}; x = \begin{bmatrix} x \\ y \\ z \end{bmatrix}; b = \begin{bmatrix} 5 \\ 3 \\ -3 \end{bmatrix}$$

1. Se declara el valor de coeficientes en Matlab.

```
>> %Solución de Sistemas de Ecuaciones Lineales
>> A=[10 -3 2;3 8 -1;4 5 10];
>> b=[5;3;-3];
fx >>
```

2. Posteriormente se declara el valor del vector de coeficientes.

Existe una metodología para calcular el determinante, en este caso se calcula el determinante de A.

```
>> %Solución de Sistemas de Ecuaciones Lineales
>> A=[10 -3 2;3 8 -1;4 5 10];
>> b=[5;3;-3];
>> det(A)

ans =

    918

fx >>
```

La regla dice un sistema de ecuaciones tiene solución si el determinante es diferente de cero.

Para encontrar la solución de esta matriz se puede hacer con división a la izquierda calculando el vector x. Donde nos arrogara el valor de las incognitas.

```
>> %Solución de Sistemas de Ecuaciones Lineales
>> A=[10 -3 2;3 8 -1;4 5 10];
>> b=[5;3;-3];
>> det(A)

ans =

   918

>> %division a la izquierda
>> x=A\b

x =

    0.6362
    0.0632
   -0.5861
```

Si multiplicas X por A nos debe de dar b, una vez aplicando nos da los valores de los términos independientes.

```
>> %division a la izquierda
>> x=A\b

x =

    0.6362
    0.0632
   -0.5861

>> A*x

ans =

    5.0000
    3.0000
   -3.0000
```

La siguiente solución es con ayuda de la inversa utilizando ahora x1 como se indica a continuación; que de igual forma nos darán los mismos resultados.

```
>> %Con la ayuda de la inversa
>> x1=inv(A)*b

x1 =

    0.6362
    0.0632
   -0.5861

>> A*x1

ans =

    5.0000
    3.0000
   -3.0000
```

GAUSS JORDAN

En este caso Se tienen las siguientes 3 ecuaciones:

$$3x+y-2z=-7$$

$$x+y+z=4$$

$$-2x+4y+5z=9$$

En Matlab solo se pasan los coeficientes:

Se ponen los coeficientes del primer renglón separando los números con espacio, después colocamos punto y coma y colocamos el segundo renglón, y de igual forma con el siguiente ultimo renglón.

Presionamos enter y mostrara las columnas.

```
>> a=[3 1 -2 -7; 1 1 1 4;-2 4 5 9]

a =

     3     1    -2    -7
     1     1     1     4
    -2     4     5     9
>>
```

Por ultimo escribimos respuestas seguido del comando rref abrimos paréntesis y colocamos A, cerramos paréntesis y listo, a continuación nos dará la respuesta del problema.

```
     3     1    -2    -7
     1     1     1     4
    -2     4     5     9
>> R=rref(a)

R =

     1     0     0     2
     0     1     0    -3
     0     0     1     5
```

EJEMPLO: Resolver el siguiente sistema de ecuaciones por el método de Gauss-Jordan utilizando Matlab

$$2x_1 + x_2 + 6x_3 = 18$$
$$5x_1 \quad\;\;\, + 9x_3 = -16$$
$$3x_1 + 2x_2 - 10x_3 = -3$$

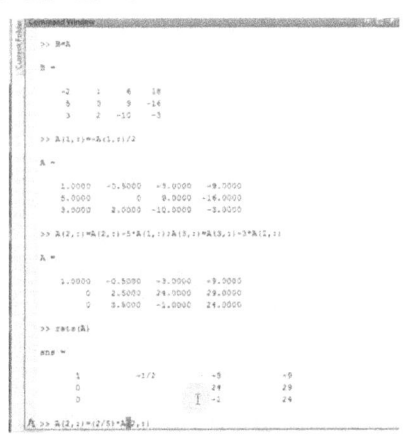

GAUSS

Primero, inicia Matlab y crea una función. Colóquenle un nombre conveniente para recordar que es el Método de Gauss. Sus argumentos de entradas serán la matriz **A** y el vector columna **b**, mientras que el resultado será el vector columna **x**.

```
1    function [x] = Gauss( A, b )
2
```

Luego, se estudiarán las dimensiones de **A** y **b**, siendo **m** y **o** el número de filas y **n** y **p** el número de columnas, respectivamente para la matriz y el vector.

```
3 -    [m,n]=size(A);
4 -    [o,p]=size(b);
5
```

Ahora se puede verificar que los datos ingresados son válidos para hacer el cálculo, pues se sabe que para que un SEL tenga solución única, debe cumplir con ciertas condiciones. Suponiendo que no se cometieron errores ingresando únicamente valores numéricos para **A** y **b**, estas condiciones, para la lectura de Matlab, deben ser que **A** sea cuadrada, es decir, que **m=n**; que el número de columnas de **A** sea igual al número de filas del vector **b**, es decir, **n=o**; que **b** sea un vector columna, es decir, **p=1**; y, por último, que la condición de **A** sea menor que 100, es decir, **cond(A)<100**. Si alguna de estas condiciones no se cumple, se puede arrojar un mensaje de error.

```
6 -    if any(m~=n || n~=o || p~=1 || cond(A)>=100)
7 -        disp('Exite un error de tamaño en las matrices ingresadas o la matriz de coeficientes está mal condicionada')
```

Si cumple con todas estas condiciones (o no cumple con las condiciones contrarias, como se muestra en la captura del programa), entonces se puede pasar a crear la matriz expandida **M** a partir de **A** y **b**.

```
8 -    else
9 -        M=[A b];
10 -   end
11
```

Como es sabido por cursos de matemática o álgebra lineal, el Método de Gauss reemplaza una ecuación por otra equivalente a partir de una segunda ecuación del mismo SEL, y, a su vez, anula los demás coeficientes de una columna en particular. Para esto, de esta segunda ecuación se toma un "pivote", que es el principal factor para la sustitución. Para evitar errores de redondeo, al programar el Método de Gauss en Matlab, el pivote debe ser el término cuyo valor absoluto sea más grande entre los demás términos en la columna analizada. Así, se debe analizar qué término será el pivote para colocar su correspondiente ecuación (fila de coeficientes de M) en la posición adecuada. Por matemáticas, el pivote no puede ser igual a cero, ya que quisiera decir que los demás términos de la columna son cero (recuerden que se estudió una columna completa para tomar el término con mayor valor absoluto), y esto no generaría una solución única del SEL.

```
12 -    for i=1:n
13 -        [MAX,POSMAX]=max(abs(M(i:n,i)));
14 -        POSMAX=POSMAX+i-1;
15 -        if MAX~=0
16 -            f1=M(i,:);
17 -            f2=M(POSMAX,:);
18 -            M(i,:)=f2;
19 -            M(POSMAX,:)=f1;
20 -        else
21 -            disp('Este sistema de ecuaciones lineales no tiene solucion unica')
22 -            return
23 -        end
24
```

Ahora que la fila del pivote está en una posición conveniente (por encima de los términos que se quieren modificar), se procede a sustituir cada una de las filas inferiores con base en la fila del pivote.

```
25 -    for j=i+1:n
26 -        M(j,:)=M(j,:)-(M(i,:)*M(j,i)/M(i,i));
27 -    end
28 -  end
29
```

Como se puede ver, este procedimiento se hizo con un ciclo *for*, por lo que se aplicará a toda la matriz **M**.

Luego de esto, se crea un vector columna nulo **x**, y su último término es reemplazado por el cociente entre los dos últimos términos de **M**, ya que correspondería a **x=A/b** para la única variable que tiene coeficiente no nulo de la última fila.

```
30 -    x=zeros(n,1);
31 -    x(n,1)=M(n,end)/M(n,n);
32
```

Por último, se realiza la llamada Sustitución Inversa, que consiste en reemplazar el valor de las variables ya calculadas en las ecuaciones donde aún falta calcular una variable, para así despejarla y obtener su valor.

```
33 -    for k=n-1:-1:1
34 -        x(k,1)=(M(k,end)-M(k,k+1:n)*x(k+1:n,1))/M(k,k);
35 -    end
36
```

Si no solo se desea guardar el vector solución **x** sino que también se desea visualizarlo, solo se debe escribir una línea adicional.

```
37 -    disp(x)
38
39 -  end
```

A continuación, les dejo una captura del programa completo para una mejor visualización.

```matlab
function [x] = Gauss( A, b )

[m,n]=size(A);
[o,p]=size(b);

if any(m~=n || n~=o || p~=1 || cond(A)>=100)
    disp('Exite un error de tamaño en las matrices ingresadas o la matriz de coeficientes está mal condicionada')
else
    M=[A b];
end

for i=1:n
    [MAX,POSMAX]=max(abs(M(i:n,i)));
    POSMAX=POSMAX+i-1;
    if MAX~=0
        f1=M(i,:);
        f2=M(POSMAX,:);
        M(i,:)=f2;
        M(POSMAX,:)=f1;
    else
        disp('Este sistema de ecuaciones lineales no tiene solución única')
        return
    end
    
    for j=i+1:n
        M(j,:)=M(j,:)-(M(i,:)*M(j,i)/M(i,i));
    end
end

x=zeros(n,1);
x(n,1)=M(n,end)/M(n,n);

for k=n-1:-1:1
    x(k,1)=(M(k,end)-M(k,k+1:n)*x(k+1:n,1))/M(k,k);
end

disp(x)

end
```

MATRIZ INVERSA

Comenzaremos por definir una matriz A de 2x2.

\>> A=[1 5;-3 2]

A =

  1   5
 -3   2

Enseguida, lo único que debemos hacer es utilizar el comando "inv" y Matlab nos devolverá en la línea de comandos la matriz inversa de A, claro, siempre y cuando la matriz sea invertible.

\>> Inv_A=inv(A)

Inv_A =

  0.1176 -0.2941
  0.1765   0.0588

En este caso hemos guardado en "Inv_A" la matriz inversa de A.

A modo de comprobación, recordar que dada una matriz A, el producto $AA^{-1}=I$, donde I es la matriz identidad de las dimensiones correspondientes. Ejecutaremos este producto en la línea de comandos y podremos comprobar que efectivamente Matlab nos devuelve ese resultado:

\>> A*Inv_A

ans =

  1.0000   0.0000
      0   1.0000

EJEMPLO:

Calcule la inversa de una matriz de 3 por 3.

```
X = [1 0 2; -1 5 0; 0 3 -9]

X = 3×3

    1     0     2
   -1     5     0
    0     3    -9


Y = inv(X)

Y = 3×3

    0.8824   -0.1176    0.1961
    0.1765    0.1765    0.0392
    0.0588    0.0588   -0.0980
```

Compruebe los resultados. En teoría, Y*X produce la matriz identidad. Dado que inv realiza la inversión de la matriz con cálculos de coma flotante, en la práctica Y*X se aproxima, aunque no es exactamente igual, a la matriz identidad eye(size(X)).

```
Y*X

ans = 3×3

    1.0000    0.0000   -0.0000
         0    1.0000   -0.0000
         0   -0.0000    1.0000
```

GLOSARIO:

1. **MATLAB:**
   PLATAFORMA DE PROGRAMACION EN EL CUAL PODREMOS REALIZAR CALCULOS NUMERICOS CON VECTORES Y MATRICES.
2. **DETERMINANTE:**
   NUMERO QUE SE OBTIENE COMO RESULTADO DE REALIZAR UNA SERIE DE OPERACIONES CON SUS ELEMENTOS
3. **SEL.:**
   SISTEMA DE ECUACIONES LINEALES
4. **SIZE:**
   TAMAÑO
5. **COMANDOS:** INSTRUCCIÓN QUE EL USUARIO PROPORCIONA A UN SISTEMA INFORMATICO, DESDE LINEA DE ORDENES O DESDE UNA LLAMADA DE PROGRMACION.
6. **MATRIZ:** CONJUNTO BIDIMENSIONAL DE NUMEROS O SIMBOLOS DISTRIBUIDOS DE FORMA RECTANGULAR, EN LINEAS VERTICALES Y HORIZONTALES
7. **INCOGNITAS:**
   VARIABLE QUE INTERVIENE EN UNA ECUACION O INECUACION Y QUE SE VERIFICA PARA UNOS VALORES DETERMINADOS.
8. **SUSTITUCION:**
   PROCEDIMIENTO UTILIZADO PARA RESOLVER DETERMINADOS TIPOS DE ECUACIONES, REEMPLAZANDO UNA VARIABLE POR UNA EXPRESION EN FUNCION DE OTRA VARIABLE.
9. **INV. :** INVERSA
10. **RREF:**
    FUNCION QUE NOS PUEDE SER UTIL PARA RESOLVER SISTEMAS DE ECUACIONES.
11. **COEFICIENTES:**
    FACTOR VINCULADO A UN MONOMIO

CONCLUSIONES

Luego de terminar el presente trabajo llegue a muchas conclusiones importantes:

Mediante el uso de matrices se resuelven sistemas de ecuaciones lineales, además se resalta la importancia que tienen en la resolución de problemas de la vida cotidiana con lo cual se llega a dar una solución exacta y mejores resultados en un determinado proceso.

Una matriz es una organización lineal de un determinado numero de conjuntos o de datos que se obtienen al registrar en una tabla o que se habla en un ejercicio o ejemplo y que interactúan entre sí.

El estudio de las matrices es muy importante en la actualidad porque es una herramienta que permite organizar, sistematizar y procesar información donde intervienen muchas variables y que presentan diversas restricciones.

REFERENCIAS BIBLIOGRAFICAS

- Arreglos, M. (s/f). *Herramientas computacionales para la matemática*. Utm.mx. Recuperado el 6 de junio de 2023, de https://www.utm.mx/~vero0304/HCPM/6-Arreglos-Matrices.pdf.

- Sergio, C. (2018, septiembre 23). *Crear Matrices en MATLAB*. Control Automático Educación. https://controlautomaticoeducacion.com/matlab/crear-matrices-en-matlab.

- 2. *Variables numéricas: Vectores y matrices en Matlab*. (s/f). Ulpgc.es. Recuperado el 6 de junio de 2023, de https://estadistica-dma.ulpgc.es/FCC/matlab-02-Vectores_y_matrices.html